Mercedes

Satz: DTP-Dompteuse
Druck + Bindung: Himmer, Augsburg
3 4 5 00 99 98
Auflage Jahr
(jeweils erste und letzte Zahl maßgeblich)

ISBN 3-8231-1042-X

Dieses Buch wurde auf chlorfrei gebleichtem Papier gedruckt.

Mercedes

Ein fröhliches Wörterbuch für
alle Mercedes-Benz-Freunde, die der ältesten
und traditionsreichsten Automarke der Welt aus
Überzeugung ihr Leben lang treu bleiben.

Von Karl F. Vorbach
mit Zeichnungen von Hans Ullrich

TOMUS

Active Body Control

A

Active Body Control	Nicht zu verwechseln mit einem Fitneßprogramm zur Körperbeherrschung für Frau und Mann am Steuer – selbst wenn das bei vielen auch nicht schlecht wäre. Das „ABC“ dient vielmehr auf elektronischem Weg der wahlweisen Individualisierung des Fahrkomforts der Mercedes-Passagiere und damit konditioneller Stabilität auf hohem Niveau.
Abgastest	Windelkontrolle bei „Baby an Bord“, wenn auftretende Geruchsbelästigung auf eine undichte Stelle schließen läßt.
Abrißkante	Abgerundete, dezente Spoilerandeutung auf dem Kofferraumdeckel der Mercedes E-Klasse, die den Luftstrom ebenso leicht und präzise abreißen läßt wie Perforierung die Blätter einschlägiger Papierrollen.
ABS	Mit dem 1978 von Mercedes-Benz als erstem Automobilhersteller lieferbaren Antiblockier-Brems-System wurde die Konkurrenz ausgebremst.
Abschleppseil	Lasso des Autofahrers, das als Vorwand dient, Damen, deren Wagen von einer Panne heimgesucht wurde, in jeder Beziehung abschleppen zu können.
abschmieren	Weitgehend unleserlich vom Nachbarn abgeschriebene Antworten bei der schriftlichen Führerscheinprüfung, wenn man selber nichts weiß.
Abtrieb	a) Vorwinterliche Rückkehr des Viehbestandes von der Alm ins dörfliche Heim. b) Beim Auto durch Spoiler auf aerodynamischem Wege

Aerodynamik

herbeigeführter stärkerer Anpreßdruck der Räder auf die Straße durch den Fahrtwind.

Adenauer-Mercedes Im persönlichen Konkurrenzvergleich mit BMW nach ganz persönlichen maß-gebenden Hutträger-Kriterien zum Dienstwagen des legendären Bundeskanzlers erkorene, vom Publikum daraufhin zum „Adenauer-Mercedes" ernannte 300er-Limousine der 50er Jahre.

Aerodynamik Das Temperament zu Wind gewordener Luft. Die Kunst der Designer ist, Karosserien so zu zeichnen, daß der vorbeistreichenden Luft vor lauter Eile die Lust zum Widerstand vergeht. Ein Mercedes-typisches Beispiel ist die neue E-Klasse mit einem CW-Wert von 0,27.

Airbag Hightech-Bezeichnung für Luftballons, die ohne zu steigen, in unterschiedlicher Form für Insassenschutz oder mehr Sitzkomfort sorgen. Gelegentlich auch in Verbindung mit männlicher Korpulenz im Bereich des Oberkörpers gebraucht.

A-Klasse
a) Gütezeichen für Frischeier.
b) Durch imaginäre Elch-Begegnung nach mehreren Anläufen gekipptes Raumwunder und Einstiegsmodell in die Autofamilie von Mercedes-Benz. Witzige Frage an neuen Gast in der Bar: „Heut schon einen gekippt?"

Alkoholtest Vorwand für polizeiliches Trinkgelage zur Feststellung des Einflusses unterschiedlicher Getränkesorten auf die Fahrtüchtigkeit im Dienst.

Allradantrieb Notwendige Ergänzung des Frontantriebes bei Limousinen, wenn unter den widrigsten Straßenbedingungen bergauf

Anhalter

	heckseitige Schiebehilfe vonnöten ist. Bei Heckantrieb in Verbindung mit ASD oder *ASR* nicht erforderlich.
AMG	Kurheim im schwäbischen Affalterbach für Mercedes-Automobile, deren anspruchsvolle Besitzer auf manufakturellem Wege ihrem liebsten Kind kosmetische Individualität und Kräftigung des Herzens angedeihen lassen möchten.
Ampel-Koalition	Bei Rotlicht versammelte Runde gleichgesinnter Autofahrer, die in absoluter Übereinstimmung auf freie Fahrt durch Grün setzt.
Anhalter	Tritt in unterschiedlichen Formen vor allem am Straßenrand auf. **Uniformiert**: meistens kostspielige Unbill verheißend. **Weiblich**: Bei Ehefrauen, wenn der Mann fährt, wenig beliebt. Im allgemeinen jedoch mehr Hoffnungen wekkend als erfüllend. **Männlich**: Nur selten erfolgreich bei alleine fahrenden Damen.
Antenne	Besonders beim männlichen Autofahrer ausgeprägtes Sinnesorgan zum Empfang eindeutiger Signale weiblicher Sympathiebekundungen.
ASR	Antriebsschlupfregelung. Hilft mitunter wirkungsvoll, schlüpfrigem Untergrund durch weitgehenden Erhalt der Traktion zu entkommen. Nicht zu verwechseln mit **A**nti-**S**chlaf-**R**ezept gegen Ehe-, Fernseh- und Politikmüdigkeit.
Auslandsreisen	Erwecken bei überkritischen Finanzbehörden in letzter Zeit verstärkt den Verdacht auf Steuerflucht, ohne bei normaler und anständiger Rückkehr dann aber einen symbolischen Bonus zu erteilen.

Ausstellfenster

Außenspiegel — Im Gegensatz zum Innenspiegel beidseitig außen angebracht. Bei der S-Klasse elektrisch einklappbar, um bei höherem Tempo den Luftwiderstand zu verringern.

Außenthermometer — Informiert die Autoinsassen über klimatische Unterschiede zwischen dem Wageninneren und der Außenwelt. Liefert vor allem im Winter nachträglich eine plausible Erklärung dafür, warum man vom rechten Weg abgekommen ist (siehe auch *Glatteiswarnung*).

Ausstellfenster — Heckscheibe mit zur Ausstellungsfläche für nickende Stofftiere, markenorientierte Golf-Mützen, behäkelte Klopapierrollen und sonstigen Nutzlosigkeiten umfunktionierter Hutablage.

Autobahn — Nicht identisch mit dem Auto-Zug. Hingegen beliebte Kampfarena für todesmutige Geisterfahrer. Automobile Kriechströme lassen sie häufig auch zu parallelen Standspuren werden.

Auto Bild — Porträt des eigenen Autos, das Mercedes-Besitzer besonders dann in der Stammtischrunde verzückt herumzeigen, wenn in der gleichnamigen Fachzeitschrift zu lesen war, daß ihr Auto das beste ist!

Auto-Biographie — **1886:** Am 29. Januar wird Karl Benz mit dem DRP 37435 der gelungene automobile Urknall offiziell bestätigt. Im Herbst stellen Gottlieb Daimler und Wilhelm Maybach ihre Motor-Kutsche mit von ihnen bereits drei Jahre vorher patentiertem schnellaufendem Benzin-Motor der Welt vor.
1888: Bertha Benz fährt mit dem dreirädrigen Patent-Mo-

torwagen und den beiden Söhnen, ohne Wissen ihres Mannes, von Mannheim nach Pforzheim und wird damit zur ersten Auto- und Langstreckenfahrerin der Welt.

1889: Der Daimler-Stahlradwagen zeigt erste Abkehr vom Kutschenprinzip. Sensation der Weltausstellung „Paris“ und „Columbia Exposition “ in Chicago.

1890: Peugeot verwendet Daimler-Motoren, Panhard & Levassor folgt.

Der Engländer Frederik Simms erwirbt Daimler-Vertriebsrechte für mehrere Länder.

1893: „Benz & Cie.“ wird gegründet und damit zum Ursprung der Automobilindustrie.

In England konstituiert sich die „Daimler-Motor-Syndicate Ltd.“, um Daimler-Motoren in Lizenz bauen zu können.

1894: Drei Fahrzeuge mit Daimler-Motor gewinnen das erste Autorennen der Welt von Paris nach Rouen.

1896: Bei der Daimler Motor Company in Coventry erblickt das erste britische Auto das Licht der Welt.

1897: Mit dem Benz „Kontra-Motor“ wird bei den Modellen „Dos à Dos“ und „Mylord“ erstmals das Boxer-Prinzip im Automobilbau eingesetzt.

1899: Der Sieg eines unter dem Pseudonym „Mercedes“ – Name der Tochter des österreichischen Automobil-Importeurs Emil Jellinek – teilnehmenden Wagens bei der Tourenfahrt Nizza – Magagnon – Nizza am 21. März, führte zur späteren Namensgebung für alle Daimler-Automobile.

1901: Der erste Daimler-Wagen namens „Mercedes“ wird durch ein fortschrittliches Gesamtkonzept mit neuem Chassis, tiefem Schwerpunkt, Frontmotor und schräger Lenk-

1897

säule zum Vorbild moderner Automobiltechnik.
Den neuartigen Wabenkühler ziert erstmals ein dreistrahliger Stern.
1902: Rechtlicher Schutz der Wortmarke „Mercedes“.
1909: Eintragung eines Drei- und Vierzack-Sterns als Warenzeichen durch die Söhne von Gottlieb Daimler.
Gründung der „Daimler-Motoren-Gesellschaft“ in Österreich. Heute noch namentlich in der Steyr-Daimler-Puch AG verewigt.
Ein Blitzen-Benz mit 21-Liter(!)-200-PS-Vierzylinder-Motor stellt mit 228,1 km/h einen absoluten Geschwindigkeitsweltrekord zu Lande auf.
„Benz & Cie.“ erhält ein Patent auf das Vorkammer-Prinzip bei Diesel-Motoren.
1919: Daimler unternimmt erste Kompressor-Versuche an dem auch von ihm verwendeten ventillosen Knight-Motor mit Schieber-Steuerung.
1921: Von jetzt an ziert der Dreizack-Stern die Kühler aller Daimler-Wagen.
Auf der Berliner Autoausstellung werden erstmals die sportlichen Kompressor-Typen 6/20 und 10/35 von Daimler gezeigt.
Der Benz-Tropfen-Wagen hingegen erregt formal und durch seine unabhängige Hinterradaufhängung, den Mittelmotor und einem CW-Wert von O,28 in Rennausführung berechtigtes Aufsehen.
1922: Benz bringt den ersten Vorkammer-Diesel der Welt auf den Markt.
1923: Am 30. April übernimmt Ferdinand Porsche den

1921

Stuhl des Chefkonstrukteurs bei der Daimler-Motoren-Gesellschaft bis Ende 1928.

Wegen inflationsbedingter Geldknappheit druckt auch die Daimler-Motoren-Gesellschaft ihr eigenes Geld, das ebenso beliebt ist wie die Autos.

1924: Die fortschreitende Wirtschaftskrise veranlaßt die Geschäftsleitung der DMG, sich nach neuen Geschäftsfeldern umzusehen: Man entdeckt das Fahrrad und gründet die „Fahrrad-Werke GmbH“ in Berlin.

1925: Freie Kapazitäten in Untertürkheim werden für die Herstellung von DMG-Schreibmaschinen genutzt. Die „Mercedes-Schreibmaschinen“ der Büromaschinen & Waffenwerke Zella-Mehlis beruhen auf einer Markenzeichen-Vereinbarung und haben mit der DMG nichts zu tun.

1926: Die schon 1924 gegründete Interessengemeinschaft beider Unternehmen beschließt die Verschmelzung von „Daimler-Motoren-Gesellschaft (DMG)“ und „Benz & Cie.“ zur „Daimler-Benz AG“ in Untertürkheim.

Das vorangegangene augenzwinkernde Liebeswerben von BMW fällt trotz anfänglicher Gespräche nicht auf fruchtbaren Boden.

Die Kompressor-Ära beginnt mit dem 10/100/140 PS starken „Typ K“, ihren Höhepunkt stellen die legendären „S“, „SS“, „SSK“ und „SSKL“ dar.

1930: Auf dem Pariser Salon ist Kaiser Wilhelm II. so sehr von der repräsentativen Erscheinung des Typs „Großer Mercedes“ 770 beeindruckt, daß er ihn ordert und sogar damit ins spätere Asyl nach Luxemburg reist.

1932: Das Werk Sindelfingen von Daimler-Benz über-

1924

nimmt als partnerschaftliche Aufbauhilfe bis zum Jahr 1936 die Serienfertigung von BMW-Karosserien für mehrere Modellreihen.
1934: Beginn der berühmten „Silberpfeil"-Ära unter Rennleiter Alfred Neubauer mit den Fahrern Rudolf Caracciola, Manfred v. Brauchitsch, Luigi Faglioli und Hermann Lang.
1937: Bis Mai krabbelt der letzte von insgesamt 30 Käfer-Prototypen aus den Hallen des Werkes Sindelfingen von Daimler-Benz.
1946: Mit Vorkriegsmodellen beginnt die Nachkriegsfertigung in Stuttgart-Untertürkheim.
1951: Mit Patent DRP 854 157 wird Mercedes die Entwicklung der ersten, wirklich wirkungsvollen Knautschzonen an Bug und Heck attestiert (siehe auch *Barényi*).
1954: Der heute legendäre 300 SL-Flügeltürer mit neuartigem Gitterrohrrahmen geht in Serie und läßt die Herzen der Damen und Herren höherschlagen.
Gleichzeitig Einführung der Benzineinspritzung im Sportwagenbau.
1959: Weltweit erste Crash-Tests mit Serienautomobilen im Werk Sindelfingen.
1963: Der neue „Große Mercedes" 600 wird auf der IAA in Frankfurt präsentiert und anschließend bis 1988 als weitverbreitete Einzelanfertigungen gebaut.
1969: Die neue Versuchswagenreihe C 111 steht am Anfang von ausgedehnten Hochgeschwindigkeits-Tests und Rekordfahrten.
1974: Der erste Fünfzylinder-Dieselmotor der Welt kommt bei der Modellreihe W 123 zum Einsatz, die später mit

1979

über zwei Millionen Einheiten zu der bis dahin erfolgreichsten des Unternehmens werden sollte.
1979: Geburtsjahr des in Zusammenarbeit mit Steyr-Daimler-Puch, Graz, entwickelten Geländewagens „G". Mit einem Steigvermögen bis 80% der „Aufsteiger des Jahres".
1981: Als erster Automobilhersteller bietet Mercedes zusätzliche Sicherheitseinrichtungen wie Airbag, Gurtstraffer und bei den Coupés automatische Gurtbringer an.
1982: Mit der Baureihe W 201 betritt Mercedes erfolgreich Neuland in der Kompaktklasse.
1985: Gewinnt ein Mercedes-Benz-Team in der Schweiz die 1. Solar-Rallye.
1986: Das Automobil feiert seinen 100sten Geburtstag. Daimler-Benz ist damit die älteste Automobilfirma der Welt.
1989: Neuordnung der Unternehmensstruktur. Unter der Daimler-Benz AG mit Holdingfunktion werden die Töchter AEG, Dasa, Debis, Mercedes-Benz und MTU zusammengeführt.
Mercedes- und Roadster-Fans geraten in Verzückung: Die neue SL-Klasse läßt bei der Präsentation selbst Portugals Sonne heller strahlen.
1991: Die neue S-Klasse verdeutlicht unübersehbar, wieviel Auto der Mensch benötigt, um mehr Raum zu haben, als er braucht. Es muß diesbezüglich Notstand geherrscht haben, denn bald waren die Limousinen weltweite Marktführer in der Oberklasse.
1993: Zuwachs bei der Mercedes-PKW-Familie: Die neue C-Klasse kommt zur Welt und entwickelt sich schnell zum vielfach ausgezeichneten Bestseller.

1995: Mercedes-Benz setzt in Tuscaloosa, Alabama, erstmals produktionsorientiert Fuß auf amerikanisches Neuland und legt den Grundstein für ein PKW-Werk. Mit trendsettendem „Vieraugengesicht" blicken die neuen E-Klasse-Limousinen ab der Jahresmitte optimistisch in die Zukunft.

1996: C- und E-Klasse-Kombis dienen fortan imagefördernder Hobby-Pflege. Während sich die ersten SLK-Besitzer noch verspätete Herbstlüftchen um die Nase fächeln lassen können, kann die Großfamilie per V-Klasse (wie Van) dem Wintersport frönen.

Mega in: Das neue „Fröhliche Wörterbuch Mercedes" vom Tomus Verlag, München.

Automobil	Lateinisch für „selbst-beweglich". Kritischer Fahrzustand eines außer Kontrolle geratenen Automobils. Kommt bei Mercedes-PKWs dank *ABS*, *ASR* und *ESP* selten vor, solange sich der Fahrer im Griff hat.
Auto Pilot System	Entbindet den ortsunkundigen Fahrer nicht von seiner eigentlichen Führungsaufgabe, weist ihm jedoch mit betörender Damenstimme auf Wunsch den Weg zum Ziel, jedoch nicht zu ihr!
Autoreisezug	Verkehrsmittel der Bundesbahn für Automobile zur Urlaubszeit, in dem auch die Besitzer der Fahrzeuge mitreisen dürfen.
Autoversicherungen	Unterstellungen, denn Autos machen im allgemeinen keine Aussagen und geben demzufolge auch keine Versicherungen ab.

Autoreisezug

Benzinuhr

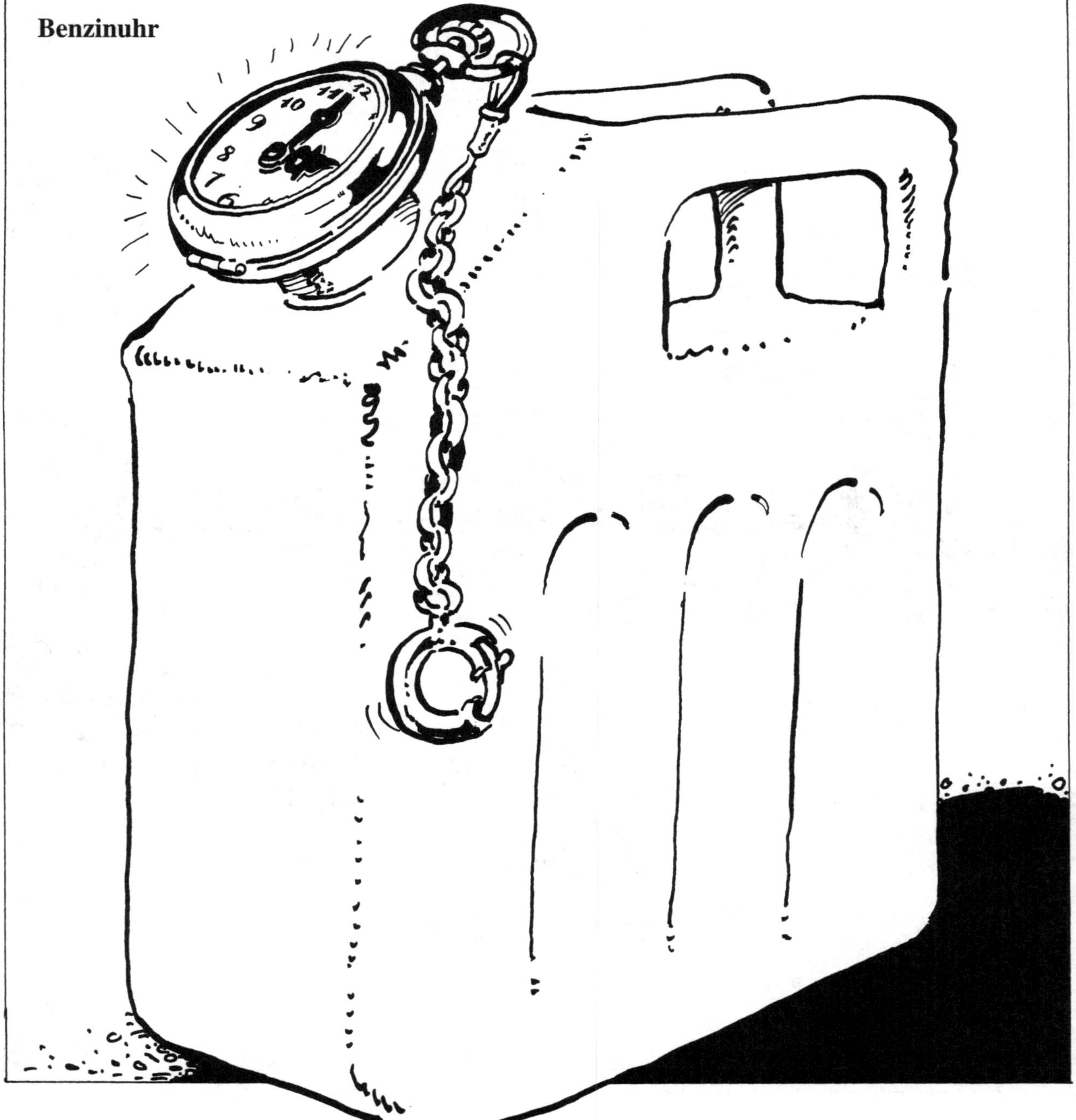

B

Barényi, Bela	Entwickelte bei Daimler-Benz die 1951 patentierte Sicherheitskarosserie mit formstabiler Fahrgastzelle und als nachgiebige „Knautschzonen“ gestaltetem Motor- und Kofferraum.
Basismodell	Herausforderung für jeden Automobil-Verkäufer, dem Kunden eine preislich höhere Variante zu verkaufen.
Benzinuhr	Zeigt bislang noch unscharf an, wann im Sinne der Grünen dem Benzin das letzte Stündlein zugunsten angeblich umweltfreundlicherer Energieträger schlägt.
Benz, Karl	Bescherte der Menschheit 1886 erstmals benzingespeiste Mobilität als Einheit von Dreirad und Motor in einer neuen Dimension, jedoch nicht das Benzin. Seine Erfindung wird heute von gewissen Ideologen trotz eigener Nutzung heftig kritisiert und mannigfaltig verfolgt.
Beschleunigung	Temperamentsausbruch bei Autofahrern, der sich im allgemeinen durch emotionales Gasgeben und die dadurch ausgelöste rapide Zunahme der Fahrgeschwindigkeit ausdrückt. Hervorgerufen beispielsweise durch ein überholendes Konkurrenzmodell oder gar eine Dame am Steuer, die vermeintlich zu langsam vorausfährt.
Blinker	Anglerzubehör zur arglistigen Täuschung hungrig zuschnappenden Schuppenwildes. Bei Mercedes-Fahrern wenig beliebtes optisches Hilfsmittel für Drängler in Verbindung mit der Lichthupe. Werden selten zur Richtungsan-

zeige, dagegen in Warnblink-Funktion gerne zur privaten Aufhebung von Halteverboten eingesetzt.

Bordwerkzeug

Heute mehr symbolisches als praktisches Autozubehör, das vom Fachmann wie vom Laien kaum genutzt werden kann und deshalb besser durch ein umfangreiches Picknick-Set ersetzt werden sollte.

Boxengasse

Die sportlich orientierte Automeile bei Rennen mit rückseitigem Flanier-Parcours der Eitelkeit, wo sich textiles Minimum und schattenwerfende Oberweiten unermüdlich den Rang abzulaufen versuchen.

Bremsen

Das: Sinnvolle Handlungsweise bei auftauchender Gefahr im Straßenverkehr. Dank *ABS* (siehe dort) weitgehend frei von gefährlichen Nebenwirkungen.
Die: Sind im Gegensatz zu den gleichnamigen Insekten bei Ausfall wesentlich gefährlicher als diese und deshalb wartungsbedürftig.

C

C 111 I – IV

Untertürkheimer Feuerstühle, mit denen in verschiedenen Ausführungen und mit unterschiedlicher Motorisierung bis in die siebziger Jahre mehrere Langstrecken-Weltrekorde auf der Kreisbahn von Nardo in Italien aufgestellt wurden.

Cabriolet, viersitzig

Open-air-Fahrvergnügen für Paare, deren gemeinsame Roadster-Zeiten im SL nicht ohne Folgen für den mobilen Raumbedarf blieben. Die Cabrios der E-Klasse von Mercedes werden mit Vier- und Sechszylinder-Motoren angebo-

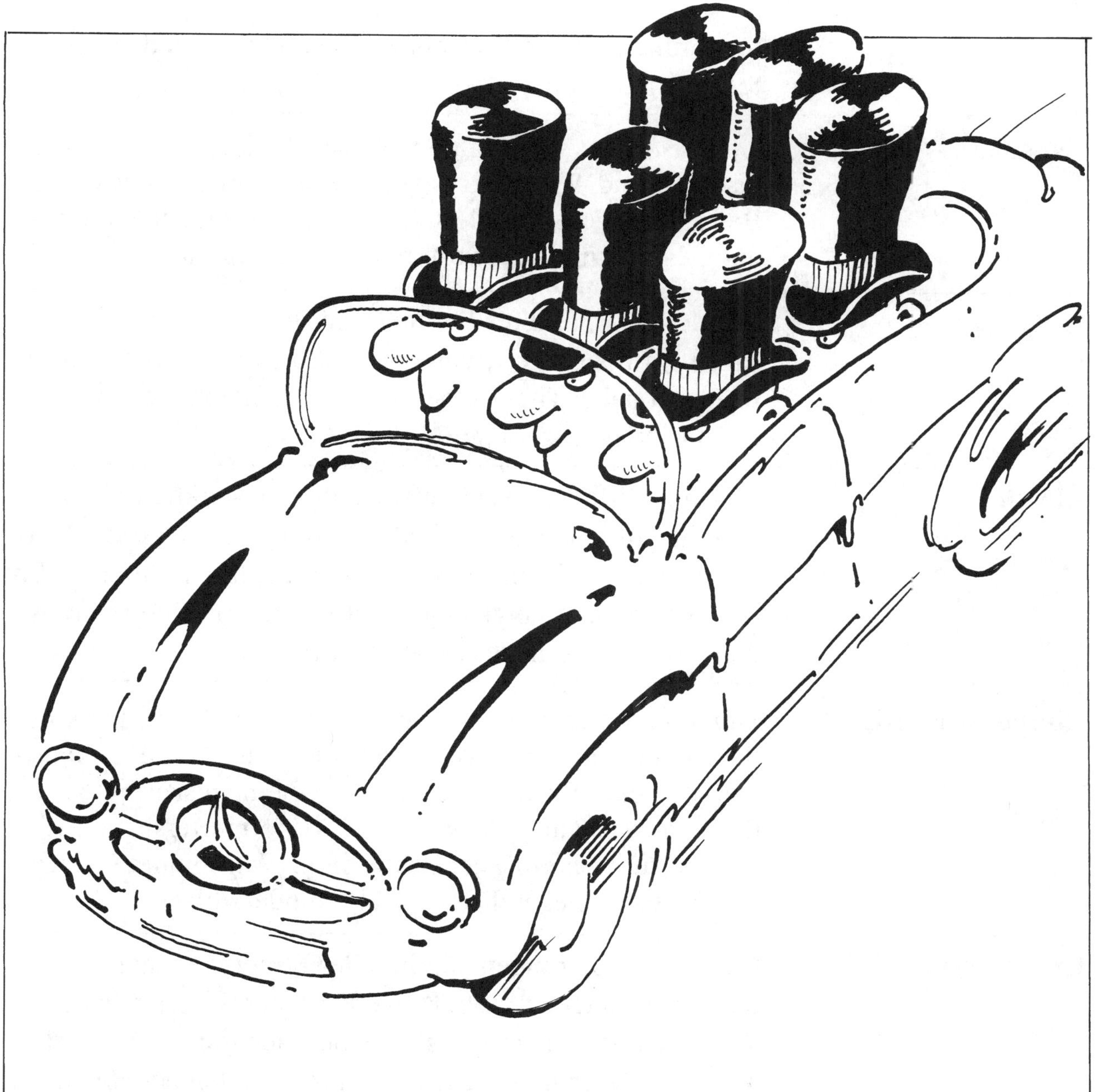

Cabriolet, viersitzig

ten. Frühere Mercedes-Cabrios zählen heute zu den begehrtesten Klassikern.

Cannstatt Geburtsort des schnellaufenden Benzinmotors von Gottlieb Daimler und Wilhelm Maybach, mit dem sie – wie Karl Benz – die Welt veränderten und als Spätfolge in die Lager der Gegner und Befürworter des Automobils aufteilten.

C-Klasse Wurde 1993 bei ihrer Premiere mit lobenden Tönen, sozusagen im hohen „C“, von der Weltpresse begrüßt und mit internationalen Titeln ausgezeichnet. Im Alphabet von **B**enz und **D**aimler eingerahmt.

Classic Altauto- und Papiersammelstelle in Untertürkheim im Rahmen institutionalisierter Traditionspflege der ältesten Automarke. Leistet damit Recycling-Beitrag durch musealen Erhalt der bekannt langlebigen Automobile mit Stern und Archivierung dokumentarischen Schrifttums.

Coupé, zweitürig Durch geringeren Innenraum und dafür höheren Preis mit dem Flair einer gewissen Exklusivität umwehte Limousinen-Variante. Im Zuge allgemeiner Humanisierung wurde der traditionell außenliegende Schwiegermuttersitz in neuerer Zeit zur Sicherung der Erbschaft ins Wageninnere verlegt. Dient heute gelegentlich auch als Hunde-Ablage.

Crash-Test Gezielte Zerstörungen automobiler Prototypen, die von kritischen Kunden im Straßenverkehr zur Überprüfung der Werbeaussagen häufig als Unfälle nachvollzogen werden. Von einer Nachahmung wird auch von Seiten der Hersteller dringend abgeraten.

Coupé, zweitürig

C-Säule Schmückendes und tragendes Element der hinteren Dachpartie bei Limousinen und Coupés. Bei Mercedes schon immer besonders harmonisch gestaltete Ankündigung, daß das Wagenende nicht mehr fern ist.

D

Dachreling An Land zur Andeutung verkümmertes Schiffsgeländer, das auf Autodächern vorwiegend als gleichnamige Halterung für sperrige Güter verwendet wird. Soll sich im Winter bei umgefallenen Automobilen auch als Schlittenkufen beim Abschleppen bewährt haben.

Daimler, Gottlieb Sah sich zunächst als Global-Player der Motorisierung zu Lande, zu Wasser und in der Luft, baute nebenher das erste Motorrad der Welt und brachte im Herbst 1886 mit seiner Motor-Kutsche das erste vierrädrige Auto in Gang.

Daimler-Benz AG Am 29. Juni 1926 von „Daimler-Motoren-Gesellschaft AG (DMG)“ und „Benz & Cie.“ geschlossener Bund fürs Leben. Eine weitere Kandidatin lebt als gutsituierter Single mit britischem Adoptiv-Kind in München (siehe auch *Sindelfingen*).

Datenbus Elektronisches Verkehrsmittel im Auto für den blitzschnellen Austausch von Informationen zwischen diversen Meßstellen. Experten wissen zwar, wie es funktioniert, aber selten, warum. Leider nicht im ÖPNV einsetzbar.

Dauerlauf Langzeiterprobung neuer Automobile im Prototypen-Stadium bei Mercedes-Benz durch Testfahrer, denen eine ähnli-

Dachreling

Diebstahlwarnanlage

	che Körperertüchtigung gelegentlich nicht schaden würde. Praxistip: Ski-Langlauf strengt weniger an!
Design	Ausdruck einer Formphilosophie, wie Autos bestimmter Marken auszusehen und den Kunden zu gefallen haben. Gutes Design bildet, nach Bauhausgründer Walter Gropius, harmonischen Gleichklang mit der Funktion. Am Auto nicht immer eindeutig nachvollziehbar.
Diebstahlwarnanlage	**Elektronisch**: Wird wegen gelegentlicher Fehlalarme von beiden Seiten nicht ernst genommen. **Natürlich**: Als besonders scharf geltende Hunderasse im Wagen deponiert. **Risiko**: Besitzer selber wird überraschend nicht als zugangsberechtigt anerkannt. **Tip**: Gänse hingegen haben schon Rom vor großem Schaden bewahrt.
Dienstwagen	Preiswerteste Automarke der Welt mit den niedrigsten Unterhaltskosten für den Nutzer.
Diesel-Motor	Begann seine erfolgreiche PKW-Karriere vor sechzig Jahren, 1936, noch als vierzylindriges Rauhbein im Mercedes-Benz 260 D. Inzwischen zur Salonfähigkeit kultiviert, darf er heute mit sechs Zylindern und Aufladung im S 350 Turbodiesel der exklusiven S-Klasse reisen (siehe *Turbolader*) und hat viele Nachahmer gefunden.
Doppelscheinwerfer	Designseitige Interpretation des gleichermaßen überlieferten wie aktualisierten Sprichwortes „Doppelt strahlt besser!“ an der neuen E-Klasse von Mercedes-Benz.

Drehzahl Bislang nur technischer Begriff für die Umlaufgeschwindigkeit von Motoren. Neuerdings auch auf die Häufigkeit der bei Geldgeschäften angewendeten Drehs zutreffend.

300er Legendäres Drei-Liter-Auto von Mercedes mit geschichtsträchtigem Familien-Vornamen aus den Fünfzigern. Nicht mit den Dreiern aus München zu verwechseln.

Dummy Leidensfähiger Crash-Pilot und Stuntman mit elektronischem Nervensystem und null IQ. Läßt sich klaglos allem aussetzen, wovor Autofahrer normalerweise Angst haben.

E

Einbahnstraße Erspart unsicheren Naturen die Entscheidung über die Fahrtrichtung, erspart vielfach auch die Wahl der Fahrbahnseite und gilt als behördlich erlaubte Geisterfahrbahn für Radler. Von Mercedes-Benz mit Erfolg als Weg zum Erfolg benutzt.

Einspritzung Direkt, indirekt, elektronisch oder manuell möglich. Dient bei Mensch, Diesel- oder Benzinmotor gleichermaßen wohldosierter Zufuhr leistungsorientierter Ingredienzen. Ist bei Motoren segensreich, in der Drogenszene weniger.

Einsteigermodell Preisgünstige Rückkehrmöglichkeit zu motorisierter Mobilität für ehemals ideologische Automobil-Aussteiger.

Einstiegsmodelle Attraktive Damen, die mit Idealmaßen und einstudierter Grazie bei „Smart“ und „A-Klasse“ überzeugend vorführen, daß selbst kleinste Automobile nicht zu eng, sondern

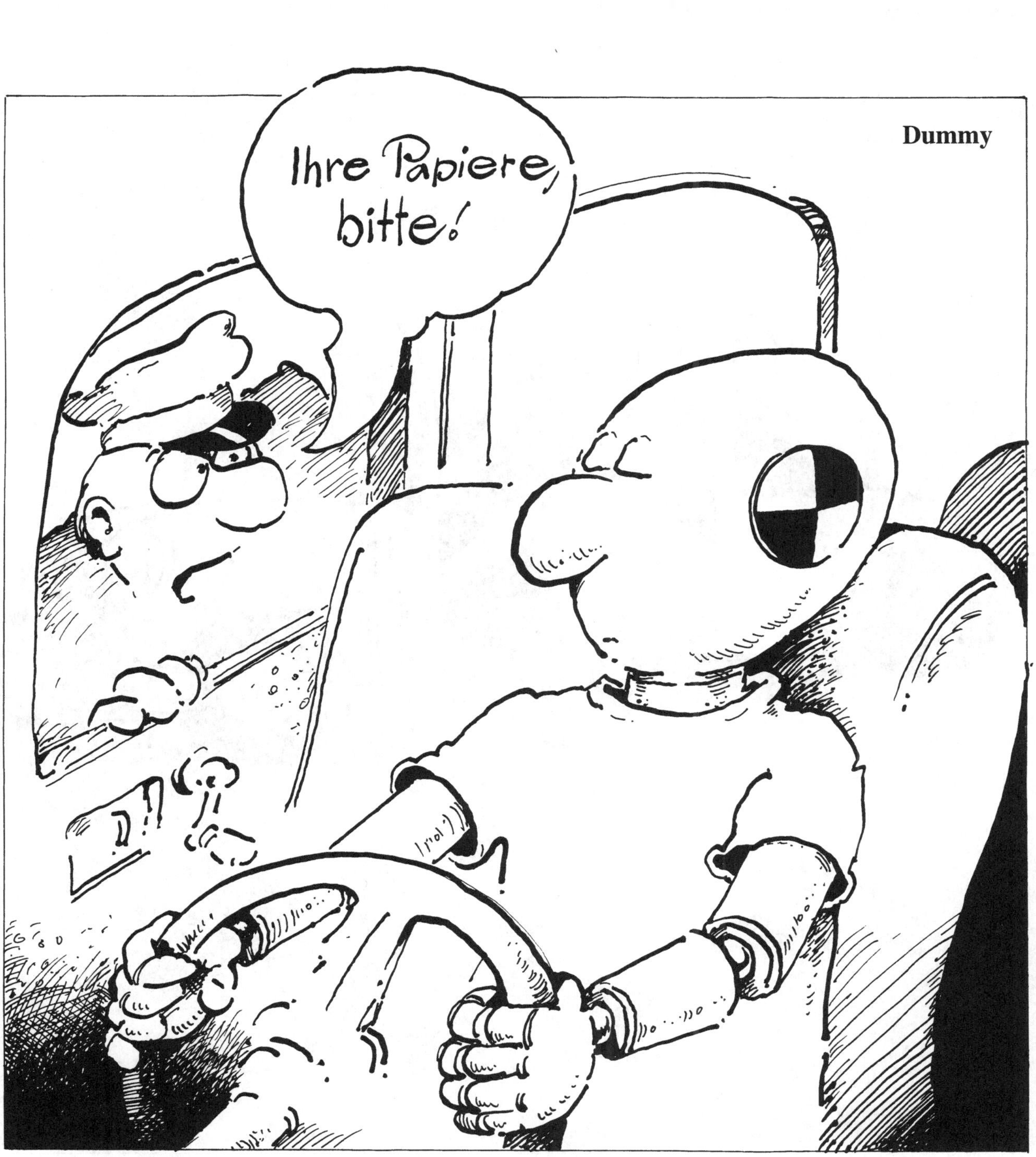
Dummy
Ihre Papiere, bitte!

Einstiegsmodelle

	einzelne Kunden eventuell nur zu groß sind. Denn: Platz ist in der kleinsten Hütte!
Eistanz	Pirouetten der Autos auf spiegelglatter Fahrbahn, wobei anschließend weniger die Ausführung der Figuren, sondern die Anzahl der Versicherungen von Bedeutung sind.
E-Klasse	**E**rste Mercedes-Modellreihe der Neuzeit mit trendverdächtigem „Vieraugen-Gesicht". Typ E 290 Turbodiesel: erster PKW-Direkteinspritzer in der 60jährigen Diesel-Entwicklung bei Mercedes-Benz (siehe Diesel-Motor und 260 D).
Elch-Test	Mutwillig überzogenes Lenkmanöver, bei dem weder der Elch, noch von ihm etwas getestet wird. Bei Stunt-Leuten üblich, um ein Auto fahrend in Schräglage zu bringen. Wer nicht umkippt, dem gebührt Lob: „A, – Klasse!" Wer umfällt, hat allen Grund, sich zu schämen. Am Auto liegt's nicht.
Ergonomie	Benutzerfreundliche Innenraumgestaltung, die auch den zwischenmenschlichen Beziehungen entgegenkommt, aber heute leider durch wuchtige Mittelkonsolen in eine etwas praxisfremde Richtung geraten ist.
Erlkönige	Diskrete Hinweise der Autohersteller durch unübersehbar unauffällig getarnte, zum fotografischen Blattschuß für sogenannte Erlkönigjäger freigegebene Prototypen, daß ein neues Modell im Anmarsch ist, um potentielle Kunden vom Markenwechsel abzuhalten (siehe auch *Kundenbezug*).
ESP	**E**inen **S**chutz vor **P**irouetten bietet das „**E**lektronic **S**tability **P**rogram". Durch unterschiedliches Abbremsen der einzelnen Räder verhindert es, daß dem Fahrer der Wagen

schleudernd außer Kontrolle gerät. Den Menschen hingegen hält es nicht im Zaum.

Exklusivität Ist bei Automobilen dann gegeben, wenn sogar der Besitzer den Hut zieht, sobald er sich nähert, und sich beim Einsteigen noch zusätzlich leicht verneigt.

Extras Aufpreispflichtige Sonderangebote zum Zwecke sichtbarer Individualisierung des Autos, die leider selten zu der erhofften Bewunderung durch Bekannte und Freunde führt.

F

Fahrerflucht Eiliges Verlassen des Platzes hinter dem Steuer, wenn nach längerer Fahrt und anhaltenden belehrenden Zwischenrufen von der Beifahrerseite nicht mehr eindeutig zu klären ist, wer eigentlich fährt.

Fahrlässigkeit Der Versuch, durch eine betont lässige Haltung der Dame oder des Herrn am Steuer beim Fahren eigene Komplexe mit dem Habitus übertrieben zur Schau gestellter Souveränität zu überspielen.

Fahrlehrer Angebliches Naturtalent der meisten deutschen Autofahrer. Drückt sich vor allem durch belehrende „Fingerzeige" gegenüber anderen Verkehrsteilnehmern aus. Werden gerne genutzt, um die eigene Unfehlbarkeit zu unterstreichen.

Fahrschulen Institutionen, deren Absolventen nach der Prüfung erfahrungsgemäß am sichersten nur ihr Diplom in Händen halten und einer zunächst unsicheren Zukunft entgegensteuern.

Fahrlässigkeit

Fahrsimulation	Umweltfreundliche Vortäuschung echter Fahrgefühle durch stationäre Fortbewegung. Würde in einschlägigen Politikerkreisen gerne als Alternative zum Individualverkehr und Dreiliterauto priorisiert. Nachteil: Ausfall von Steuern, Park- und Blitzgebühren!
Fahrverhalten	Abhängig vom Drogen- und Alkoholspiegel des Fahrers und daher nur partiell konstruktiv zu beeinflussen. Oder Mahnung der besorgten Ehefrau: Fahr verhalten!
Fahrweise	Individuelle Ego-Demonstration am Steuer. In Abhängigkeit vom Umgang mit dem Gaspedal und anderen Verkehrsteilnehmern zu sehen. **Dynamisch**: von Autogegnern gerne schon als aggressiv interpretiert. **Sportlich**: Wenn man sich eine C- oder E-Klasse von Mercedes mit Sportfahrwerk kauft, ohne dadurch gleich dem Formel-1-Syndrom zu verfallen.
fair	Wenn ein Herr die Politesse, die ihn eben aufgeschrieben hat, darauf hinweist, daß ihr privates Auto auch im Parkverbot steht – und dennoch zahlt!
Family Car China	Volschlag von Melcedes zul Földelung des Individualvelkehls in China, vol allem fül Gloßfamilien, die sich bishel in einel S-Klasse dlängeln mußten.
Fan	**Fan**atischer Mercedes-Freund, der sich als echter F. schon auf den neuen komfortablen „Van“ der V-Klasse von Mercedes-Benz freut.
Frau am Steuer	Beliebtes Reizthema an Männer-Stammtischen. Auch vorausfahrend eindeutige Nachfahrin von Bertha Benz, die ih-

Family Car China

	rem Mann 1888 mit der ersten Langstreckenfahrt von Mannheim nach Pforzheim neben dem technischen Erfolg auch gleich die erste Autofahrerin der Welt bescherte.
Frontalaufprall	**Unangenehm**: Begegnung zweier Fahrzeuge auf gleicher Fahrspur. **Angenehm**: Stürmische Umarmung zweier sich liebender Menschen bei der ersten Begegnung nach einer längeren Trennung.
Führerschein	Wird bei positiv verlaufener Alkohol-Blutprobe von polizeilicher Seite gerne als Anzahlung auf das, was später folgt, in Verwahrung genommen.
Fünfzylindermotor	Ansichtssache: Vierer mit Zusatzzahl oder Sechser für Leute, die nur bis fünf zählen können. Bei Mercedes als Saug- und Turbodiesel im PKW-Programm beliebt.
Funktaxi	Mietwagen, bei denen es schon vorgekommen sein soll, daß es zwischen Fahrerin und Passagier gefunkt hat.
Fußgänger	Autofahrer bei anonymen Gehübungen.
Fußgängerzone	Freigehege für gehwillige Autofahrer, damit sie nicht durch die unmittelbare Nähe ihres Wagens von ihrem lobenswerten Vorhaben abgebracht werden.

Fußgänger

G

Gasfuß	Weniger ein medizinisch zu behandelndes Problem, sondern mehr ein psychologisches. Sein zu emotionaler Einsatz führt auf die Dauer selten zu Genuß ohne Reue. Nicht zu verwechseln mit geruchsintensivem **K**asfuß!
Geisterfahrer	Von geheimen, den Verkehrsregeln nicht mächtigen Kräften ermutigte, dabei fehlgeleitete Autofahrer, die sich so lange über den starken Gegenverkehr wundern, bis sich der Versuch der Aufklärung von selbst erledigt hat.
Geradeauslauf	Wird gelegentlich durch zu hohen Promille-Gehalt des Fahrers sowohl bei ihm selber als auch bei seinem Wagen nachhaltig außer Kraft gesetzt.
Giermoment	Beschlußfassung des Fiskus, dem Autofahrer kräftig in die Tasche zu greifen. Oder Eigenschaft von Autos, sich in kritischen Situationen um die eigene Hochachse zu drehen.
Glühbirne	Häufig bei Fahrschulanfängern oder -prüflingen am Steuer auftretender Zustand des Kopfes mit zusätzlicher rötlicher Verfärbung des Gesichtes.
G-Modelle	Geländegängige Alleskönner von Mercedes-Benz im oberen Marktsegment, die abseits befestigter Wege häufig mehr können, als ihre Fahrer beim Flanieren auf dem Boulevard zeigen.
Grenzkontrolle	Amtliche Überprüfung, ob der Fahrer auch wirklich an die Grenze seiner Leistungsfähigkeit und der des Wagens beim

Geisterfahrer

Fahren herankommt. Wer nicht besteht, der muß zum Idioten-Test, kann's aber nachher auch nicht besser!

„Gullwing" Zu deutsch „Möwenflügel". Amerikanischer Kosename für das durch die flügelartig hochstellbaren Türen unverwechselbare 300 SL-Coupé von 1954, dem Urahn aller heutigen SL-Modelle. Beflügelt die Begeisterung noch heute bei alt und jung, von männlich bis weiblich.

Gurtlose Nicht angegurtete Autoinsassen, denen ein wenig erfreuliches Los blühen kann.

H

Haftgrenze Unüberwindliche Einzäunung von Gebäuden, um das unerwünschte Entweichen zwangsweise einsitzender Verkehrssünder zu verhindern.

Handbremse Erhobener Polizistenarm mit dem Ziel, heranrollende Autos aufzuhalten. Bei Rechtshändern leicht verwechselbar als Ausdruck rechtsradikaler Gesinnung zu deuten.

Heckflosse Durch eigenwillige Gestaltungsform im Heckbereich in die Automobilgeschichte von Mercedes-Benz eingegangene Modellreihe der 60er Jahre. Als Schwimmwagen nachweislich nur kurzfristig geeignet.

Heckmotor Antriebsseitiges Schubkarren-Konzept, das dem traditionellen Kutschenprinzip des gezogenen Mehrspänners in der Gunst anspruchsvoller Kundenakzeptanz unterlegen ist. Wurde bei Mercedes in den Dreißigern nur kurzzeitig ange-

Heckflosse

	boten und dann in Gestalt von 35 Käfer-Prototypen als Starthilfe großzügig an VW abgetreten.
Heiligs Blechle	Die höchste schwäbische Ausdrucksform von Besitzerstolz ob des eigenen Mercedes. Fand inzwischen auch weltweit gefühlsmäßige Verbreitung für Automobile aus Stuttgart-Untertürkheim.
Herzfrequenz	Indikator auch für positive Streßsituationen sowohl angesichts klassischer sowie auch zeitgenössischer Automobile von Mercedes. Sonst nur beim Anblick von Claudia Schiffer und Veronica Ferres in gleicher Höhe zu erwarten.
Hubraum	Nach dem Trainingsraum für Gewichtheber benanntes Zylindermaß für Motorgrößen.
Hupe	Zeitgenössisches Minneinstrument des PS-mobilen Mannes, um sich vor der Heimstadt seiner Angebeteten bemerkbar zu machen, und die Blicke von anderen Schönen auf sich und seine Equipage zu ziehen. Verärgert beim nächtlichen Abschied die Nachbarn.

I/J

Individualverkehr	Mißachtung aller Verkehrsregeln auf und abseits üblicher Verkehrswege und -gepflogenheiten mit oft als fatal empfundenen, nachhaltigen Folgen.
Insassenschutz	Genießt bei Mercedes ebenso hohe Priorität wie andernorts die Bewachung des Schatzes von Fort Knox.

Insassenschutz

Jaguar	Avanciert in der edleren Ausführung zum Daimler „Made in England“.
Jugendliebe	Traumwagen, der einem schon früher versagt blieb und auch bei heutiger Begegnung unerreichbar bleibt.

K

Kilowatt	Von norddeutschem Küstenvolk angeblich noch immer vermutete Leistungsangabe der von verschiedenen Automotoren bewegbaren Menge Sand nach Kilo Watt!
Kindersicherung	Babysitter für Eltern, die mal wieder wie zu Roadsters Zeiten im Auto ihren Spaß allein zu zweit haben möchten.
Klimaanlage	Sorgt beim Auto fühlbar für Verbesserung des Betriebsklimas im Innenraum. Hat jedoch selten Einfluß auf atmosphärische Störungen zwischen den Passagieren.
Knautschzone	Bug- und Heckbereiche bei Autos, die schon nach leichten Unfällen die Arbeitsplätze bei den einschlägigen Werkstätten sichern. Nebenher sollen sie auch die Fahrzeuginsassen schützen (siehe *Barényi, Bela*).
Kniefreiheit	Heute vielfach durch ausladende Mittelkonsolen eingeschränkter Freiraum im Kniebereich zur Kontaktaufnahme mit der Beifahrerin / dem Beifahrer.
Knutschzone	Der bei Automobilen häufig auch für glückselige Zweisamkeit beliebte Innenraum. Bei modernen Karosserien vorne wie hinten durch eine definierte Knautschzone aufprall-

Jaguar

Kratzer

	dämpfend gegen unerwünschte und störende Verkehrsteilnehmer geschützt.
Kolonnenfahrt	Lemmingartiges Verhalten von Autofahrern durch vertrauensvolles, meist dichtes und konsequentes Folgen einer größeren Zahl von Vorauseilenden auf Autobahnen bis zur häufig massenhaften Selbstzerstörung.
Kompaktwagen	Relativitätstheorie der Fahrzeugabmessungen. Variabler Begriff bei den einzelnen Fahrzeugherstellern mit direktem Bezug zu den Dimensionen des Gesamtprogramms. Bei Mercedes „Smart" und A-Klasse.
Kompressor	Technisches Druckmittel, einst wie heute bei Mercedes mit Erfolg zur Leistungs- und Imagesteigerung eingesetzt, das jüngst im C 230-Kompressor und SLK zu neuen Ehren kommt.
Kopfdichtung	**Literarisch:** Stegreif-Reim. **Medizinisch:** Verband einer offenen Kopfwunde. **Technisch:** Dichtung zwischen Zylinderkopf und Zylinderblock.
Kraftfahrzeug-Steuer	Abgestufte Einstandsgebühr mit Langzeitwirkung bei Anschaffung eines Autos, die dem Fiskus fortlaufende Einnahmen sichert.
Kraftstoffeinsparung	Positive Folge zeitweiligen Führerscheinentzugs.
Kratzer	Folgenschwerer Angriff auf das sowohl „Heiligste Blechle" als auch das Seelenleben von vorwiegend schwäbischen Autobesitzern, der nach Zeugenaussagen besonders tragisch empfunden wird. Führt bei den Betroffenen zu lang anhaltenden depressiven Folgen.

Kühlergrill

In zwei Wörtern erkaltete Bratvorrichtung. Bei Automobilen nur zur Lufttrocknung von Insekten geeignet. Wird gerne zusammen mit den Scheinwerfern als „Das Gesicht des Autos" bezeichnet. Hat vielfach eher raubtierhafte bis wenig intelligente Züge.

Kundenbezug

Erfolgreich verlaufener Versuch, Käufer von anderen Marken ins eigene Lager zu ziehen.

Kundendienst

Dienst, den der Kunde dem Autohändler gegenüber durch prompte Bezahlung seines Wagens, widerspruchslose Akzeptanz aller Mängel und Verzicht auf Reklamationen sowie überzeugende Weiterempfehlung leistet.

L

Lackgarantie

Zusage der Autohersteller, daß neue Wagen grundsätzlich lackiert sind, wenngleich manche Farbtöne eher eine nur grundierte Oberfläche vermuten lassen.

Ladekontrolle

Verkehrskontrolle, ob Alkoholspiegel und Drogenkonsum dem Fahrverhalten entsprechen.

Ladenburg

1886 durch den „Patent-Motorwagen" von Karl Benz zum „Bethlehem" des Automobils geworden, wenngleich der Stern – von der Geschichte abweichend – erst später durch Gottlieb Daimler von Cannstatt bei Stuttgart aus zu strahlen begann.

Ladykiller

Offen zu fahrende, sportliche Zweisitzer, die die Herzen vor allem junger Damen erglühen lassen, zumal sie durch

Kühlergrill

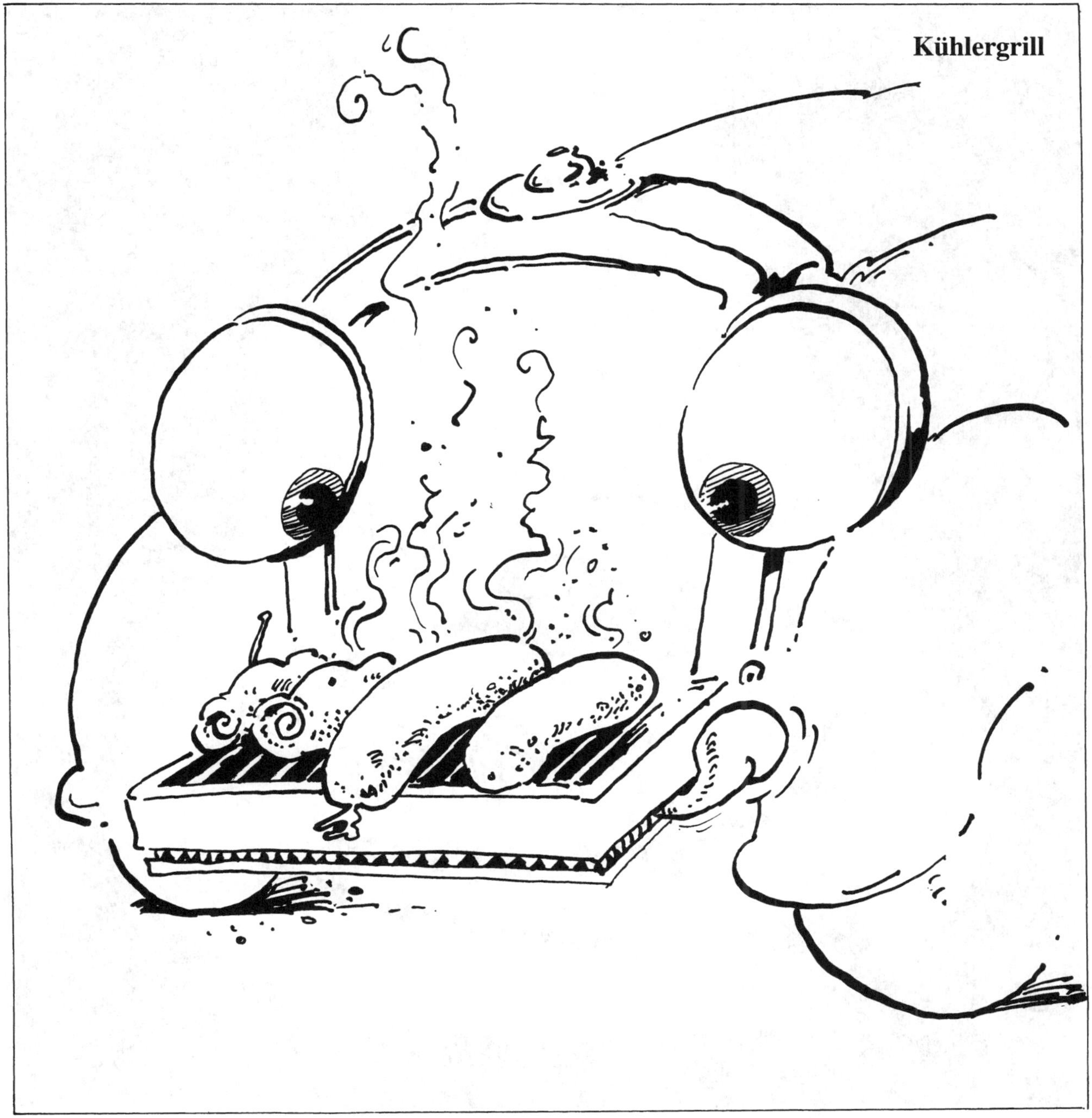

Laternengarage

begrenzte Innenraumverhältnisse besonders bei frischen Paaren den zwischenmenschlichen Beziehungen zwangsweise entgegenkommen (siehe auch *Roadster*).

Landaulet	Historische Karosserieart mit fondseitigem Cabrioverdeck. Gewährt freien Blick auf die Herrschaft. Fordert durch bessere Zugänglichkeit die Bereitschaft zu unerwünschten Annäherungsversuchen geradezu heraus.
Laternengarage	Gern genutzte Parkmöglichkeit als gebührenfreier Garagenersatz. Ermöglicht schnellen Dieben gut ausgeleuchtete Einblicke und rangiert bei agierenden Liebespaaren weit hinter schummrigen Auto-Kinos oder dunklen Seitenstraßen.
Laufkultur	Trotz unterschiedlicher Wahrnehmung bei Motoren und Damen gleichermaßen gerne gesehen.
Leerlauf	Behörden gerne unterstellte Arbeitsweise, natürlich unzutreffend und daher böswillig. Niedrigste Stufe der Leistungsabgabe bei Automotoren vor dem Stillstand, wenn keine Fortbewegung verlangt wird.
Leitplanken	Dienen der Richtungsstabilität bei Fahrzeugen, die vom Kurs abkommen, und weisen den Fahrer meistens durch unüberhörbare Kratzgeräusche auf diese Abweichung hin.
Lenkhilfe	Mitreisende, die während der Fahrt pausenlos aus der eigenen Praxis abgeleitete Verhaltensmaßregeln im Verkehr geben. Sehr beliebt dagegen bei auf dem Schoß des Fahrers sitzendem Kleinkind.
Lichthupe	Heutiger Serienstandard bei Automobilen, um sich unter Artgenossen vor lauernden Radarfallen warnen zu können.

Maybach, Wilhelm

Lieferzeit	Phase der Vorfreude auf eine langersehnte Vereinigung.
Lordosenstütze	Wirtschaftliche Sozialhilfe für verarmten britischen Adel? Nein, definiertee Ausformung der Autositze zur Stützung strapazierter Wirbelsäulen im Hals- und Beckenbereich.
Luftwiderstand	Form der Atemnot bei ungewohnt schneller Gangart oder tiefgreifender Entrüstung über das Fehlverhalten anderer Verkehrsteilnehmer.

M

Magermix	Besonderer Vorteil für Fahrer und Wagen: 1. sichert er den Verbleib des Führerscheins beim Besitzer, 2. verspricht er niedrige Treibstoffkosten.
Markenzeichen	Selbst verliehener Orden als Hoffnungsträger vieler Menschen, sich mit dem gesellschaftlichen Status eines Automobil-Emblems eine gewisse Reputation zu verschaffen. Siehe: von Punkern als Halsschmuck getragene Mercedes-Sterne.
Maybach, Wilhelm	Genialer Ingenieur, über 30 Jahre engster Mitarbeiter von Gottlieb Daimler, züchtete in dessen legendärem Gewächshaus den schnellaufenden Benzinmotor und legte mit dem neuartigen Daimler-Motorwagen „Typ 1901“ den konzeptionellen Grundstein für alle späteren Automobile.
Mehrbereichsöl	Multifunktionales Schmiermittel für Hubkolbenmotoren, das sich jedoch bislang nur bedingt für Haarpflege, Sonnenschutz, Pfannengerichte oder Bestechung eignet.

Mercedes-Benz-Clubs

Memory Schaltung	Erinnert sich besser als der Fahrer an die für ihn reservierte körpergerechteste Sitzposition im eigenen Auto.
Mercedes-Benz AG	Nach neuer Rollenverteilung die jüngste Automarke der Welt mit der längsten Vergangenheit und erfolgreichste Tochtergesellschaft des Daimler-Benz-Konzerns. Leidet etwas darunter, den Unterhalt weniger erfolgreicher Schwestern mitbestreiten zu müssen, was wiederum dem Unternehmen auch menschliche Züge verleiht.
Mercedes-Benz-Clubs	Exklusive Hilfsorganisationen für gealterte Automobile mit Stern. Die Mitglieder werden zum Dank für die Betreuung von den Oldtimern durch gelegentliches Fahrvergnügen und Wertzuwachs belohnt.
Mercedes fahren	Imageträchtige Mobilität im Zeichen eines guten Sterns, die mitunter im Kreise trinkgeldberechtigter Personen gelegentlich zu falscher Erwartungshaltung führen kann. Außerdem humorvolles Wörterbuch.
Mercédès Jellinek	Schutzpatronin aller Mercedes-Fahrer. Tochter des österreichischen Konsuls Emil Jellinek. Ab 1901 mit 12 Jahren frühe Namensgeberin für alle Daimler-Wagen als Gegenleistung für einen Großauftrag ihres Vaters.
Mittelkonsole	Behinderung intensiver zwischenmenschlicher Kontaktaufnahme unter dem Vorwand zusätzlichen Stauraumes.
Mobilität	Grundbedürfnis der Menschen, das seine Erfüllung beispielsweise am Steuer eines Mercedes findet. Gelegentlich durch besondere Einflüsse des Umfeldes eingeschränkt, wird sie schnell zum Wunschtraum aller Autofahrer im Stau.

Motorsport

Mobilitätsgarantie	Frommes Versprechen der Autohersteller für den Fall, daß garantiert keine Mobilität mehr vorhanden ist.
Motor-Dichtung	1. Autofahrer-Latein. 2. Übertriebene Formulierungen der Werbetexter im Zuge literarischen Freiheitsdranges. 3. Die fugenlosen Verbindungen zwischen flächigen Motor-Komponenten, die den Austritt von Flüssigkeiten verhindern.
Motormanagement	Geht im allgemeinen vom Fahrer aus, der über mehr oder weniger gezügelten Fußeinsatz den Arbeitsrhythmus bestimmt. Wunschgemäß regelt dann das elektronische Management vor Ort alle Detail-Funktionen wie im industriellen Leben auch: Oben weiß man kaum, wie's funktioniert, unten weiß man nicht, warum die Anweisungen kommen, aber am Ende klappt's dann doch. Meistens.
Motorraum	Ähnelt heute vielfach der drangvollen Enge eines übermöblierten Ein-Zimmer-Appartements, in dem man den Bewohner erst nach langem Suchen findet.
Motorsport	Ehrgeizige Bewegungstherapie für Mensch und Maschine, die gelegentlich auch zum Kollaps führt.
Museum	Ort der Begegnung mit Dingen, die nicht mehr täglich benützen zu müssen man eigentlich froh ist, man teilweise aber doch besitzen möchte. Trifft besonders auf die automobilen Juwelen im Mercedes-Werksmuseum zu, die teilweise noch heute alltagstauglich sind (zum Beispiel der 300 SL-Flügeltürer).

N

Nachlauf	Wegstrecke, die Tramper einem haltenden Wagen nachlaufen müssen, um zusteigen zu können. Bei haltenden Mercedes-Fahrern im allgemeinen dank guter Verzögerung deutlich kürzer.
Nebel	Wetterlage, bei der viele Autofahrer ohne Weitsicht eine willkommene Herausforderung zur Überwindung des inneren Schweinehundes bei höheren Geschwindigkeiten sehen.
Nischenmodelle	Klassifizierung von Kleinstfahrzeugen mit geringem Bedarf an Parkraum, wie die smarten „Smart"-Typen nach einem Konzept von Mercedes-Benz.
Nittribit	In den fünfziger Jahren ambulantes Allheilmittel gegen männliche Einsamkeit, das per 190 SL erste Hilfe leistete.
Niveauregulierung	Versuch komplexgeplagter Menschen, sich durch ein prestigeträchtiges Automobil in höhere Gesellschaftskreise zu hieven. Autos mit N. sorgen zwar für variablen Abstand zur Straße, aber auch nur auf niedrigem Niveau.
Notrad	Vorauseilender Begriff mit englischem Spracheinfluß für „Not Rad", wenn dünnes Notrad und vollwertiges Reserverad gleichermaßen der Vergangenheit angehören wie beim neuen Mercedes SLK. Mitunter auch Klappfahrrad im Kofferraum.
Notruf	Mündliche Warnung anderer Verkehrsteilnehmer durch den Fahrer, wenn die elektrische Hupe nicht funktioniert.

Notruf

O

Oldtimer

Menschliche Bewertungsgrundlage für den Disco-Einlaß. Unabänderliche Evolutions-Stufe von Mensch und Auto im Zuge des normalen Alterungsprozesses. Jedoch mit unterschiedlicher Entwicklung von Lebensdauer, Faszination und vor allem Wert. Bei Automobilen auch als eine Art Recycling durch Erhalt zu verstehen (siehe auch *Classic*).

Overdrive

Unfall, bei dem jemand überfahren wurde.

P

Pagode

Mobile Kultstätte sportlicher Stern-Anbeter der 60er Jahre mit charakteristischer Hardtopkontur fernöstlichen Zuschnitts.

Pannenhilfe

Vorwiegend männliches Angebot gegenüber meist jungen, hübschen und hilflos scheinenden Damen bei Pannen unterschiedlichster Art, jedoch vielfach nicht ganz uneigennützig offeriert.

Papa-Mobil

Falsch: Werbeslogan zur Mobilmachung immobiler Familienväter durch die Autoindustrie.
Richtig: Himmlisches Landaulet auf irdischer Basis des Mercedes 600 Pullman mit vatikanischem Thronsessel im Fond und Stern im Blickfeld des Heiligen Vaters.

Parkuhren

Kommunale Opferstöcke zur Aufbesserung der Gemeindefinanzen unter dem Vorwand notwendiger, häufig wech-

Parkuhren

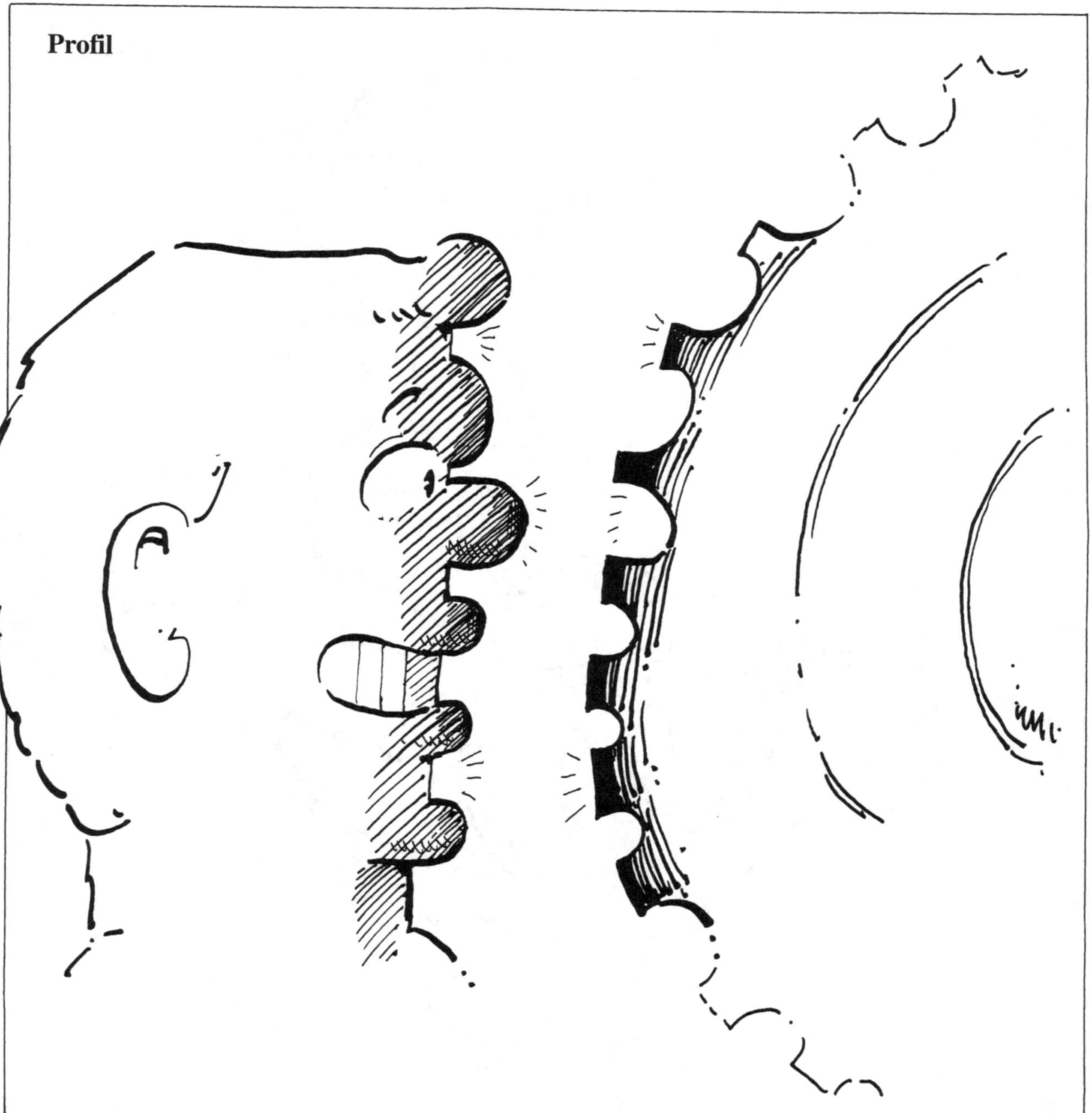
Profil

selnder Parkplatzreservierungen. Fälschlich als Groschengräber bezeichnet, obwohl das Geld entnommen wird.

Partnerschutz

Beispiel 1: Zwei Leute unter einem Schirm.
Beispiel 2: Angemessenes Crash-Verhalten unterschiedlich dimensionierter Fahrzeuge, damit es bei Kollisionen zwischen groß und klein möglichst keine Verlierer gibt.
Beispiel 3: Vorbeugende Maßnahme im Hinblick auf Folgen beim Verkehr.

Ponton

Hohlkörper, der das „Über-Wasser-Halten" sichert und in modifizierter Form ab Anfang der 50er Jahre auch bei Mercedes-Automobilen einen neuen Design-Trend einleitete.

Preise

Auszeichnungen, die Mercedes-Benz von seinen Kunden in Form von Schecks in unterschiedlicher Höhe als Anerkennung für gelungene Modellreihen überreicht werden. Nicht zu verwechseln mit symbolträchtigen, aber an sich wertlosen Ehren-Preisen.

Pylone

Von erzürnten Autofahrern mißbräuchlich als Schimpfwort für Politessen eingesetzt, spielen Pylone bei Bedarf eine lobenswerte regelnde Rolle im Verkehr.

Q

Qualitätsstandard

Imaginärer Wertbegriff, der genausowenig nachweisbar ist wie die Ausgangspunkte des Regenbogens. Findet allerdings seinen Niederschlag in einem sehr hohen Anteil zufriedener Wiederkäufer, der bei Mercedes-Benz im Bereich von über 80 Prozent liegt.

Radmuttern

Querlenker	Vor allem in verkehrsmäßig unterentwickelten Gebieten anzutreffende Autofahrer-Spezies, die sich prinzipiell für vorfahrtsberechtigt hält.

R

Rad	Zu Lande Basis nahezu jeglicher technischer Mobilität. Dreht sich vierfach an allen Mercedes-Personenwagen in die jeweilige Fahrtrichtung, aber immer um den Stern.
Radarfalle	Behördlicher Fotoautomat mit Registrierkasse.
Radfahrer	Bei Arbeitsgemeinschaften und auf Gegenkurs in Einbahnstraßen gleichermaßen unbeliebt.
Radio	Akustisches Gegenmittel zur Beruhigung unerwünscht redefreudiger Passagiere im Auto.
Radmuttern	Im Gegensatz zum Erfolg, der unzählige Väter besitzt, haben Autoräder im allgemeinen nur jeweils fünf „Mütter“, die erfolgreich für festen und sicheren Sitz sorgen.
Ramsis	Nicht identisch mit dem vorchristlichen ägyptischen Kaiser Ramses, jedoch ähnlich geheimnisvoll. Kurzform für „**R**echnergestütztes **A**ntropologisches-**M**athematisches **S**ystem für **I**nsassen**s**imulation“. Bildschirmdarstellung unterschiedlich großer Personen zur theoretischen Festlegung von Innenraummaßen, die sich dann in der Praxis als doch zu klein herausstellen.
Rechtsverkehr	Wirft die Frage auf, welcher Verkehr nun rechtens ist. Dabei kann eine zu starke Rechtsorientierung ebenso folgen-

	schwer sein wie der Trend nach links. Wobei Linksverkehr genauso rechtens sein kann, während die Nutzung des Mittelweges in diesem Falle strikt abzulehnen ist. Zuwiderhandlungen führen leicht zu Rechtsverkehr.
Regensensor	Feuchtigkeitsabhängige Scheibenwischerbetätigung bei der E-Klasse, die gleichzeitig auch die Frage auslöst, ob zu Hause alle Fenster geschlossen sind.
Reichweite	Entfernung des Fahrers zu seiner Beifahrerin.
Reifenpanne	Griff ins Leere, wenn man das Ersatzrad benötigt, aber keines im Kofferraum vorfindet.
Reitwagen	Für den ersten Motor von Daimler und Maybach gebautes Einspurfahrzeug, das seit 1985 zum Leidwesen renommierter Zweiradhersteller offiziell als erstes Motorrad gilt.
Rennstrecke	Emotionale Ladestation für sportliche Autofreaks, die nach einem Rennen, dem Beispiel ihrer Vorbilder folgend, zum temperamentvollen Zweikampf auf der Heimfahrt antreten.
Roadster, zweisitzig	Sehr beliebte, offene Fahrzeugart, wie die aus der „Flügeltürer-Legende“ (siehe Bild) hervorgegangenen SL-Modelle, für das mobile Glück zu zweit. Bei jüngeren Paaren wegen der eindeutig limitierten Platzzahl oft nur zeitlich begrenzt zu genießen (siehe dazu auch *Cabriolet, viersitzig*).
Rollwiderstand	Gesetzliche Bestimmungen und ideologische Bestrebungen, dem Autofahrer die Mobilität so schwer wie möglich zu machen. Beispiel: Bei Parksündern an einem Rad angelegte Klammer, um strafloses Entweichen zu verhindern.

Roadster, zweisitzig

Rost	Gütesiegel für lackseitigen Qualitätsstandard bei Automobilen; bei starkem Befall romantisch Rostlauben genannt.
Rundlauf	Bewegungstherapie für die einsitzenden Verkehrssünder im Gefängnishof, die dabei sehnsüchtig an den runden Lauf des Motors ihres Autos denken.

S

Schalthebel	Mercedes-Fahrer sitzen auch in ihrem Wagen nicht nur am Steuer, sondern auch am „längeren“ Hebel und geben eindeutig die Gangart vor.
Scheckheft	Offizielle Unterlage für Geldverkehr zwischen Kundendienstwerkstatt und Mercedes-Besitzer. Der Frage nach den wirklich ausgeführten Arbeiten des KD-Scheckheftes steht das Risiko der Deckung des Bank-Schecks gleichrangig gegenüber.
Scheibenwaschanlage, beheizte	Erhöht auf Warmwasserbasis die gegenseitige winterliche Hilfsbereitschaft durch anschließend mögliche, wohltuende Handreinigung.
Scheibenwischer	Weitverbreitetes Klarsichtgerät für nasse Witterung, dessen Ursprung 1908 auf Prinz Heinrich von Preußen zurückgeht, der auch im Automobil sein Ziel stets klar vor Augen haben wollte.
Scheinwerfer	Häufig wohlbegüterte und neureiche Menschen, die sich gerne beim Ausgeben größerer Papiergeldmengen von anderen zusehen lassen.

Schalthebel

Schilderwald

Schiebedach	Läßt sich im allgemeinen auch dann noch schieben, wenn das Auto schon steht. Hilft im Stau durch die Möglichkeit des erhöhten Überblicks zu erkennen, ob man am Anfang oder Ende der Wartenden steht.
Schilderwald	Hat durch gute Pflege vielfach eine Dichte erreicht, bei der man den Wald vor lauter Schildern nicht mehr sieht.
Schräglaufwinkel	Technischer Begriff aus der Achsgeometrie, aber wesentlich augenfälliger als promillebedingt außer Kontrolle geratene Gangart bekannt, mitunter leider zum Auto.
Schwaben	Den Bayern benachbarter, lederhosenloser Volksstamm in Süddeutschland, zu dessen hervorstechendsten Eigenschaften Erfindergeist, Tüftlertalent, Fleiß, Sparsamkeit und Reiselust zählen. Charaktermerkmale, die sich in der Erfindung des Automobils, der Mercedes-Benz AG und dem begeisterten Erwerb der heimischen Produkte, vor allem solcher mit Stern, bis heute dokumentieren.
Schwiegermuttersitz	Bei größeren Roadstern der dreißiger Jahre ausklappbare Marterbank außerhalb des Dachbereiches. Aufdringliche Schwiegermütter verzichteten nach ausgedehnter Spazierfahrt meist freiwillig auf Teilnahme am mobilen Vergnügen.
600er	**Alt:** Exklusives Status-Gefährt von Mercedes, das von Leuten bevorzugt wurde, die es selten aus eigener Tasche bezahlen mußten (siehe auch *Papa-Mobil*). **Neu:** Erneuter Beweis, daß Raum zwar in der kleinsten Karosse (BMW Isetta oder „Smart“), aber mehr Raum (*S-Klasse*) wesentlich angenehmer ist.

Silberpfeile	Glänzende Wunderwaffen aus dem Köcher der Rennabteilung von Daimler-Benz in den dreißiger Jahren, nachdem aus Gewichtsgründen die weiße Lackschicht von den Aluminiumverkleidungen entfernt worden war. Im Sommer 1998 gelang Mika Häkinnen und David Coulthard mit dem Silberpfeil der Doppelerfolg auf dem Hockenheimring.
Sindelfingen	Stätte schwäbisch-bayerischer Kooperation und Aufbau-Hilfe. In dem noch heute Mercedes-Benz gehörenden PKW-Montage-Werk liefen von 1932 bis 1936 neben Automobilen mit Stern auch in Stuttgart entwickelte Karosserien mit blau-weißem Propelleremblem vom Band.
Sitzheizung	Schützt den Sitz vor Unterkühlung und überträgt dies auch auf den Benutzer.
Sitzkiste	Einfacher hölzerner Behälter als Sitzgelegenheit. In der Automobilentwicklung verwendeter dachloser Innenraumtorso eines noch in Entwicklung befindlichen PKW-Modells, mit dessen Hilfe sich ein erster realitätsbezogener Eindruck des zukünftigen Interieurs erzielen läßt.
S-Klasse	Deutscher RR (Raum auf Rädern). Von Neidern so lange diskutierte Komfort-Limousinen, bis sie zu den meistverkauften Modellen im automobilen Oberhaus wurden!
SL	**S**alon-**L**öwen im internationalen Kreis exklusiver Roadster mit Sex, acht und zwölf Zylindern. Nachfahren der legendären SL-„Flügeltürer“ und -Roadster aus den fünfziger Jahren.

Sitzheizung

190 SL	Kleiner, ebenfalls beeindruckender Bruder der geflügelten SL-Legende und inzwischen ebenfalls zum Klassiker gewordener Roadster aus jenen Jahren. Erfreute sich großer und weitreichender Zuneigung der Damenwelt bis hin zum professionellen Einsatz.
SLK	Unverwechselbarer jüngster Sproß der erfolgreichen SL-Familie. Sein per Knopfdruck vollautomatisch bedienbares Vario-Dach ist luftiges Kopftuch und wetterfeste Schirmmütze in einem. Mit dem wahlweise angebotenen Kompressormotor schlägt der SLK im Marktsegment kompakter Roadster ganz neue, jugendliche Töne an.
Smart	Zeitgenössische Raumkapsel für das junge Glück zu zweit als City-Flitzer nach einem „Concept by Mercedes-Benz". Moderne Interpretation der als „Knutschkugel" in die Automobilgeschichte eingegangenen BMW Isetta aus dem Jahr 1955.
Soundsystem	1. Wenig gedämpfte Auspuffanlage mit Sportlichkeit simulierender Geräuschkulisse. 2. Aufwendige Sonderausstattung, mit der die S- und E-Klasse-Limousinen akustisch zu rollenden Konzertsälen werden.
Spätzlefriedhof	Dem bayerischen Bierbauch identisch ausgeprägte mittlere Körperregion bei schwäbischen Eingeborenen, die ihren dimensionalen Ursprung in einer schmackhaften Beilage auf Teigbasis zu den landesüblichen Hauptgerichten wie Ros(ch)tbraten hat. Bei schwäbischen „Daimler"-Fahrern häufig zu finden.

Spätzlefriedhof

Stern
Welchem folgen wir?

Sportlichkeit	Optische Vortäuschung nicht vorhandener Eigenschaften. Merke: Auch nicht jedes Dekolleté hält, was es verspricht!
Sportline	Telefon-Ansage der Sportergebnisse oder Modell-Variante der C-Klasse von Mercedes? Beides! Umschreibung für Jogging-Pfad mit hohem Selbstdarstellungswert.
Sportwagen	Vorwiegend zweisitzig und offen, werden jedoch selten sportlich gefahren, verlangen aber bereits beim Einsteigen ausgeprägte Gelenkigkeit.
Staumeldung	Drahtlose Bestätigung, daß man entweder tatsächlich in einem Stau steht oder aber eigentlich stehen müßte, obwohl man gerade auf dem gemeldeten Streckenabschnitt, zusammen mit anderen, zügig dahinfährt. Besonders unangenehm, wenn man steht, keine Meldung erfolgt, und der Stau als Entschuldigung ehefrauliches Mißtrauen weckt.
Stern	1. Frühchristlicher Wegweiser nach Bethlehem. 2. Neuzeitliches Markenzeichen eines zuverlässigen Begleiters auf allen Wegen, dem selbst ängstliche Mütter ihre Töchter bedenkenlos anvertrauen. 3. Symbol einer angesehenen Illustrierten.
Sternbilder	Fotos vom eigenen Mercedes beziehungsweise Sternformationen Großer und Kleiner Wagen am nördlichen Firmament.
Steuerrad	Sechstes Rad am Wagen. Ursprünglich ausschließlich zur individuellen Kursbestimmung bei Automobilen gedacht, wird heute vom Fiskus im übertragenen Sinne auch als vornehmer Ausdruck für Steuerschraube verwendet.

Tankstelle

Straßenkarte	Dient der hilfreichen Erläuterung für die Daheimgebliebenen, wenn man ihnen nach dem Urlaub zeigen möchte, was man zwar in der Eile nicht gesehen hat, aber wo man tatsächlich überall war.
Strich Acht (/8)	Ehefrauen vermuten dahinter eine sündige Meile für kontaktsuchende Autofahrer. Gleichwohl bekommen Oldtimer-Freunde glänzende Augen, handelt es sich doch um den Typ-Code der 1968 vorgestellten Modellreihe W114/W115, die später mit 1,9 Millionen Einheiten ein Rekordergebnis brachte und heute zu den Klassikern zählt.

T

Tank	Zur wirkungsvollen Ablenkung geeignete Vorrichtung bei Automobilen, wenn die eventuell nicht unbegründete polizeiliche Nachfrage kommt: „Wieviel haben Sie getankt?“
Tankstelle	Durch häufig auch auf den Fahrer erweitertes Kraftstoff-Angebot eine Gefahrenquelle für den Führerschein.
Temperaturanzeige	Fieberthermometer des Motors, das bei jäh ansteigender Temperatur auch das Blut des Fahrers zum Kochen bringt.
Tempolimit	Von Behördenseite mißverständliche Geschwindigkeitsvorgabe, die vielfach als Mindesttempo ausgelegt wird und zu gebührenpflichtigen Richtigstellungen führt.
T-Modelle	Ford-Typen von 1912 bzw. seit 1977 erfolgreiche fünftürige Mehrzwecklimousinen von Mercedes-Benz in Neuauflage bei C- und E-Klasse (siehe auch *Trendmobile*).

Tradition	Durch permanente Frischzellenzufuhr bei jugendlicher Lebendigkeit fortschreitender Alterungsprozeß ohne absehbares Ende (siehe *Classic*). Wer T. mit eigenen Augen sehen will, dem sei das Mercedes-Werksmuseum empfohlen.
Treibstoff	Energiequellen unterschiedlicher Zusammensetzung, die entweder Automotoren in Gang bringen oder den Fahrer aufs stille Örtchen treiben.
Trendmobile	1977 mit der Baureihe 123 eingeführte T-Modelle. Bis dahin landläufig PKW-Kombis genannt, wurden sie mit Komfortausstattung zum Vorbild gesellschaftsfähiger 5-Türer.
Trennscheibe	Im Zuge allgemeiner Liberalisierung selten gewordene gesellschaftliche Grenze in Taxis und Chauffeur-Wagen. Soll in einzelnen, allerdings unbestätigten Fällen auch selbstfahrende Metzger davor bewahrt haben, in ihrem edlen Gefährt bei einer Vollbremsung von den im Fond mitgeführten Würstchen erdrückt zu werden.
Turbolader	Legales Dopingmittel, um auf technischer Basis unter Einsatz der eigenen Abgase eine Leistungssteigerung bei Diesel- und Benzinmotoren zu erreichen.
Tuscaloosa	Neu-Stuttgart im amerikanischen Bundesstaat Alabama, wo aus der Playmobil-Studie „AAVision“ ein multitalentiertes Freizeit-Fahrzeug mit Offroad-Ambitionen heranreift.

Trennscheibe

U

Überholspur	Lange Zeit vom Volksmund vor allem auf den Autobahnen für die „Mercedes-Fahrer“ reserviert. Wird heute überwiegend von anderen beansprucht oder durch Staus belegt.
übersteuern	1. Zuviel bezahlte Zwangsabgaben. 2. Gefährliches Ausbrechen des Wagenhecks bei zu flotter Kurvenfahrt.
Überrollbügel	Schutzengel aller Mercedes-Cabrio- und SL-Fahrer, der bei einem Überschlag automatisch aktiviert wird. Allerdings ungeeignet für eine Rolle rückwärts der Insassen während der Fahrt.
untersteuern	Genaues Gegenteil von *übersteuern*, aber in jeder Beziehung erheblich ungefährlicher!
Unwucht	Gegenteil des allgemein positiv belegten Ausdruckes „eine Wucht“. Führt bei Rädern und Reifen zu deutlichen Vibrationen während der Fahrt. Sonst mitunter auch!

V

V12	Gesellschaftliches „Victory“-Symbol an den Mercedes-Typen S, SEC und SL 600 für erfolgreiche Menschen.
Van	Oberste Evolutionsstufe PKW-seitiger Geräumigkeit, wenn die Familienentwicklung die gemeinsame Nutzung einer Limousine nicht mehr zuläßt. Bei Mercedes reicht die Spannweite von der SL- bis zur V-Klasse.

V12

Vario Research Car
Automobil-Studie mit Wechselgarderobe als Limousine, Kombi, Cabriolet und Pickup von Mercedes-Benz für Leute, die sich nicht für einen Typ entscheiden können.

Verkehrskontrolle
Überprüfung einschlägiger Etablissements auf zwischenmenschliche Kontakte nach den gültigen Regeln des Verkehrs in allen Lagen.

Verkehrsstau
Erstarrter Verkehrsfluß, der den „Stauenden“ eine Menge Möglichkeiten zu phantasiereicher Freizeitgestaltung bietet, wie Dösen und Spielen an Armaturen oder Beifahrer/in. Sehr entspannend auch das ungehaltene Philosophieren mit Nebenstehenden, warum so viele andere gerade jetzt auch unterwegs sein müssen.

Versicherung
Unverbindliche, gebührenpflichtige Zusage von verbindlich wirkenden Versprechungen, die im Ernstfall selten in erwartetem Umfang eingelöst werden. (Siehe *Autoversicherungen*.)

Veteranenrallye
Zielorientierte Ausfahrt betagter Automobile, wobei es gelegentlich schwerfällt, eindeutig zu erkennen, ob es sich beim Fahrer oder dem Wagen um den eigentlichen Veteranen handelt.

Vignette
Unter dem fadenscheinigen Vorwand dringend notwendiger Verkehrsreduzierung zwangsweiser und kostenpflichtiger Scheibenaufkleber zur „Freien Fahrt für freie Bürger“ auf Autobahnen, verbunden mit der behördlichen Hoffnung auf steigende Einnahmen durch weiter zunehmendes Verkehrsaufkommen. Gilt auch für Smog!

Vogel

Virtual Reality	Vision der Autogegner: Verbannung des Automobils in nur noch optische Realität auf brillenartigen Bildschirm, der den Blick auf die Wirklichkeit vereitelt.
Vision	Zukunftsszenario in realitätsbezogenem Weitblick phantasiebegabter Menschen wie Gottlieb Daimler. Der Dreizack-Stern war für ihn von Anfang an das Symbol für die Motorisierung zu Lande, zu Wasser und in der Luft.
Vogel	Weitverbreitetes, unverwechselbares Handzeichen, um anderen Autofahrern unmißverständlich zu zeigen, was man selber hat. Von Mercedes-Fahrern kaum gebraucht, spricht doch schon ihr Wagen für eindeutige Überlegenheit.
Vollgasfest	Motorsportveranstaltung mit typischem Renncharakter, wo auch Mercedes-Motoren nachhaltig beweisen, daß sie leistungsstark und vollgasfest sind. Findet manchmal allerdings auch auf öffentlichen Straßen statt.
Vorbeifahrgeräusch	Mitunter unüberhörbarer pfiffiger Ausdruck der Bewunderung aus offenen Roadstern oder Cabrios beim Anblick attraktiver Damen.
Vorfahrt	Wird gerne genommen, weil sie zu flotterem Vorankommen führen soll, was sich jedoch häufig als folgenschwerer Trugschluß erweist.

Vollgasfest

W

Wählhebel	Unpolitisches, zwischen den Vordersitzen plaziertes Bedienungselement des Automatik-Getriebes, über das die Fahrerhand in verführerische Nähe eventueller Beifahrerinnen gelangt und die Wahl des Zugriffs aufwirft.
Wärmedämmung	Dunkelgetönte Scheiben beispielsweise. Sie lassen angeblich weniger Wärme ins Wageninnere. Sicher dagegen ist, wie die Erfahrung zeigt, daß sie in geschlossenem Zustand auch keine nach außen lassen! Abhilfe: siehe *Klimaanlage*.
Wärmewert	Früher extra ausgewiesener Mehrpreis für die als Zubehör lieferbare Heizung, ohne die ein Auto jedoch praktisch nicht geliefert wurde!
Wegfahrsperre	Wenn das eigene Auto von anderen völlig unentrinnbar zugeparkt ist.
Wickeltechnik	Von Mercedes weltweit erstmals eingesetzte Katalysatortechnik mit höherem Wirkungsgrad. Nicht zu verwechseln mit der Geschicklichkeit von Hausmännern beim Windelwechseln im Bereich undichter kindlicher Körperpartien!
Wohnanhänger	Mobile Unterkünfte unterschiedlicher Größe und Ausstattung für Mercedes-Fahrer, die dem Wohnen im Eigenheim auch auf Urlaubsfahrten anhängen.

Wohnanhänger

X

Xenon-Licht
Bringt Licht ins Dunkel herkömmlicher Scheinwerfersysteme und macht dem Autofahrer nachts zu Recht ein „X" für ein „U" (= ungenügend) vor.

Z

Zubehör
Dinge, die man unbedingt haben möchte, obwohl man sie eigentlich nicht braucht, aber dennoch besitzen muß, um zeigen zu können, daß man sich leisten kann, was man nicht unbedingt benötigt.

260 D Pullman
Kundennahe Imagestudie der Inflationsjahre, ob anspruchsvolle Mercedes-Käufer bereit sind, sich für den ersten PKW der Welt mit zwar sparsamem, aber noch rauhbeinigem Dieselmotor in einer geräumigen Karosserie zu entscheiden. Der S 350 Turbodiesel unserer Tage gibt die Antwort.

Zylinder
Männliche Kopfbedeckung zu feierlichen Anlässen. Als automobile Statussymbole unter der Haube vorwiegend als Gruppen in Vier-, Fünf-, Sechs-, Acht- und Zwölfzylinder-Reihen- oder -V-Formation anzutreffen. Durch aussagekräftige Embleme weithin sichtbar respekteinflößend und eindrücklich dokumentiert.

Zylinder-Verschleiß
Trifft nicht nur für Mercedes-Fahrer sowohl durch Abnutzungserscheinungen im Bereich der Kolbenlaufbahnen innerhalb des Motors als auch bei oft getragenen einschlägigen Kopfbedeckungen zu.

Fröhliche Wörterbücher von A-Z

Fröhliche Wörterbücher von A–Z

Fröhliche Wörterbücher von A-Z

Fröhliche Wörterbücher von A-Z

Fröhliche Wörterbücher von A-Z

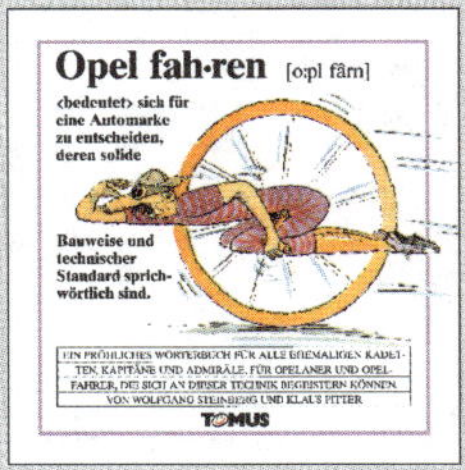

Post
rad·fah·ren
rei·ten
Rad·renn·sport
Ret·tungs- und Sa·ni·täts·dienst
Ru·he·stand
Sau·na & So·la·ri·um
Schu·le
Schüt·zen·ver·ein
se·geln
Se·kre·tä·rin
Ski·fah·ren
Snow·board·ing
Spaß beim Backen
147 ausgesucht raffinierte Rezepte
Fröhliche Wörterbücher
von A-Z
sport·flie·gen
Sport·schau·en
Squash
Steu·ern & Fi·nan·zen
stu·die·ren
sur·fen
TOMUS

Fröhliche Wörterbücher von A-Z

Glückwunsch-bücher für jeden Anlaß!

Jeder Band hat 72 Seiten mit zahlreichen Karikaturen.
Fomat: 16 x 16 cm

Weiter lieferbare Titel:

- Abitur
- Automobil
- Baby
- Bartträger
- Beförderung
- Chefsache
- Computer
- Einladung
- Examen
- Feiern
- Freundin
- Frisch verliebt
- Führerschein
- Gesundheit
- Goldene Hochzeit
- Gute Besserung
- Haushalt
- Hochzeit
- Hochzeitstag
- Hund
- Kollegen
- Mast- u. Schotbruch
- Nachbarschaft
- Neuer Job
- Nichtraucher
- Pauker raus!
- Petri Heil
- Pfeifenraucher
- Schwanger-schaft
- Silberhochzeit
- Ski Heil
- Studenten-leben
- Taufe
- Verkaufs-kanone
- Waidmannsheil
- Zuhause
- Zwillinge